安安全全的核电厂之旅：

阿尔法小镇的神秘来信

生态环境部核与辐射安全中心　著

中国原子能出版社

图书在版编目（CIP）数据

阿尔法小镇的神秘来信 / 生态环境部核与辐射安全中心著. -- 北京：中国原子能出版社，2022.11（2024.7重印）
（安安全全的核电厂之旅）
ISBN 978-7-5221-2401-8

Ⅰ.①阿… Ⅱ.①生… Ⅲ.①核安全—安全文化—普及读物 Ⅳ.①TL7-49

中国版本图书馆 CIP 数据核字 (2022) 第 231774 号

安安全全的核电厂之旅：阿尔法小镇的神秘来信

出版发行	中国原子能出版社（北京市海淀区阜成路 43 号 100048）
策划编辑	付　凯
责任编辑	裘　勖
装帧设计	侯怡璇
责任校对	冯莲凤
责任印制	赵　明
印　　刷	北京富资园科技发展有限公司
经　　销	全国新华书店
开　　本	787 mm × 1092 mm　1/16
印　　张	4.5
字　　数	112 千字
版　　次	2022 年 11 月第 1 版　　2024 年 7 月第 2 次印刷
书　　号	ISBN 978-7-5221-2401-8
定　　价	50.00 元

发行电话：010-88828628　

《安安全全的核电厂之旅》系列科普丛书编委会

《阿尔法小镇的神秘来信》编写人员

张　瀛

内容提要

本书讲述了邻居小姐弟安安和全全突然收到了一封来自阿尔法小镇核电工程师的神秘来信，从而带领姐弟俩开启了一场认识核安全、寻找核安全文化的探索发现之旅。阿尔法小镇的核电工程师以不同内容的来信引导安安和全全一步步深入思考，通过安安与全全的认真讨论与探索发现，带领读者由浅入深，从身边发现与核安全文化相关的要素开始，了解核安全的内涵、程序的力量、敢于质疑的态度等核安全文化知识，最后通过核电厂实地发现，真实见证核安全文化的魅力，从而让公众对核安全文化有一个清晰而真实的概念。

系列科普书主要人物形象

安安：女，10岁，六年级，成绩优秀，聪明活泼，善于动脑，遇事冷静，有些近视。

全全：男，6岁，安安的邻居和小“跟班儿”，话痨，善良，懂礼貌。

安安妈妈：神奇科学院高级工程师，长发、笑起来眼睛弯弯，性格温和，对待孩子有耐心。但不喜欢做家务，喜欢吃冰糕，喜欢唱歌。

安安爸爸：神奇科学院高级工程师，瘦高，头发茂密，戴着一副高度近视眼镜，喜欢思考与探索。

全全妈妈：教师，性格开朗，爱笑。

全全爸爸：科学家，微胖，敬业，做事一丝不苟、讲究规矩。

神奇科学院院长：个子不高、留着短发，外表看似严厉，实则和蔼可亲，是一位沉稳睿智的科学家。

琪琪：全全同学，娇生惯养，不爱运动，微胖，喜欢穿花花的公主裙。

核仔：智能机器人，浑身白色，体型圆乎乎。

白玫瑰老师：安安的语文老师，姓白，美丽大方，气质温婉，不论春夏秋冬总喜欢着一袭长裙，时而温柔、时而严厉地穿梭在同学们中间，同学们私下起名“白玫瑰”。

大胖：安安的同班同学，憨厚直爽，不喜运动，素爱各种零食。

序

从我国第一颗原子弹、第一颗氢弹、第一艘核潜艇、第一座国产核电站，再到我国自主三代核电“华龙一号”……核科技工业始终是我国战略性高科技产业的重要组成部分。核科学技术已经成为世界高新技术的重要标志。

在“双碳”背景下，核能作为发电过程中不排放温室气体的清洁能源迎来了更大的发展机遇，这对于优化我国能源结构，保障能源供应，实现“双碳”目标，推动生态文明建设意义重大。

尽管核能有多种用途，但是提到核，公众首先想到的仍然是核武器、核电站。事实上，除了安全发电外，核科技如今早已经渗透到了我们生产生活的方方面面，在工业、农业、医学、公共安全、环保等领域有着十分广泛的应用场景。

国务院印发的《全民科学素质行动规划纲要（2021—2035 年）》提出，提升科学素质，对于公民树立科学的世界观和方法论，对于增强国家自主创新能力和文化软实力、建设社会主义现代化强国，具有十分重要的意义。《安安全全的核电厂之旅》是一套难得的核能科普系列趣味丛书，其主要针对中小学生的知识水平和认知特点，用通俗易懂的方式讲述科学道理，注重培养义务教育阶段学生的科学素养和创新精神，激发读者求知兴趣，带给读者更多的亲和力，让更多的公众了解核科学，支持核科学事业的发展。

对该系列丛书的出版表示祝贺，并衷心感谢为编辑该系列丛书付出辛苦劳动的各位同仁！

中国工程院院士
中国核工业集团公司科技委副主任
中国核电工程公司专家委主任

前 言

教育部办公厅、中国科协办公厅曾联合印发《关于利用科普资源助推“双减”工作的通知》，强调要提高学生科学素质，促进学生全面健康发展。重视与发展青少年学生群体的科普教育是坚持“四个面向”、适应新发展格局的必由之路。

我们深知青少年科普的重要意义，更知核能科普任重而道远。在编写本丛书时，通过原创性拟人形象，精心设计寓意配图，坚持科学性为本，兼具趣味性和通俗性，努力达到一种平等、有趣的交流效果。四册系列丛书各自独立又有机结合，不仅给读者科普了核电厂构造和发电原理，而且将核电厂的选址、核安全文化、核技术利用等方面的知识巧妙地融进安安和全全姐弟俩的探险之旅中。力图激发青少年对核科学真理的热爱，让公众更加理性认识核，积极支持核，推动核电积极、安全、有序发展。

由于编写时间较紧，编写人员水平有限，书中难免有疏漏与不妥之处，欢迎读者批评指正。

编 者

2022 年 6 月

目 录

第一章
收到阿尔法小镇的神秘来信

今天是一个阳光明媚的日子，清风吹拂，阳光和煦，安安和全全像往常一样，说说笑笑地走在放学回家的路上，讨论着学校里发生的事情。快到家时，安安突然发现在

自家门口的地上躺着一个蓝色的东西，走近拿起一看，才发现是一个信封，信封背面是用红色油蜡密封的老式邮戳，正面工整地写着“安安收”。这时，全全也在一旁嚷嚷起来，“安安快来看，我这儿也有一封信哎！”

安安和全全都是贝塔镇小学的学生，是一对无话不谈、形影不离的姐弟俩。安安是姐姐，成绩优秀，聪明活泼又善于动脑；全全是弟弟，一个懵懂帅气的小直男。

安安和全全的父母都是教师或科研人员，他们严谨细致、喜欢探索思考又注重规则。在这样的家庭氛围中，安安和全全从小便带着安全意识与科学探索精神，知道凡事都有规则，遵守程序、仔细认真，就能离许多糟糕的事情远一些。

今天放学回家，两个小朋友第一次在家门口发现给自己的信，异常激动。他们像大人一样郑重地揭开信封，只见里面写道：

安安和全全你们好，很高兴通过这种方式认识你们。我来自阿尔法小镇，那里有大海、沙滩、海鸥，还有一座美丽的阿尔法核电厂。我是这座小镇上的核电工程师，我最重要的职责就是保卫核电厂安全。

从今天开始，我想带领你们认识一种文化，称之为“核安全文化”，这是阿尔法小镇的特色文化，它帮助我们规避风险，保障核电厂安全。当然如果把它应用于你们的日常生活，也能对你们的安全起到重要作用。

我知道你们是学校里优秀的学生，那么首先考考你们，你们知道“安全”是什么吗？

阿尔法小镇的核电工程师

安安和全全说：

小读者，如果你们也收到来信，仔细想想，你们知道“安全”是什么吗？

第二章
与爸爸妈妈讨论“安全”

安安和全全自从收到“阿尔法小镇的核电工程师”来信后，心中便充满疑惑，这个工程师到底是谁？阿尔法小镇是什么地方？他为什么会知道我们的名字？核电厂倒是在课外读本里读过，就是利用核能来进行发电的电厂，不过为什么这个核电工程师要给我们寄信，提有关安全的问题呢？

安全是什么？

从讨论中，安安与全全似乎感受到安全与风险密切相关，他们带着与安全有关的讨论进入了梦乡，这也是姐弟俩第一次认真思考这么深奥的问题。

大部分风险事件都与人因有关

第二天一早，安安和全全正准备出门上学，突然发现门口已然躺着一封黄色的信件。信中写道：“非常不错，你们已经开始了认真的思考。并且很高兴地看到你们与爸爸妈妈进行了热烈探讨，这是一个非常不错的开始。其实，我们生活的这个世界时时刻刻都存在危险，不仅是大的事故或者灾难会带来风险，生活中出门没带钥匙、走路看手机，都有可能会带来风险事件，因此我们没有办法完全脱离危险而存在。

但是大部分危及安全的风险事件，都与人因失误有关。差不多有 96% 的安全事故都是由人的不安全行为造成的，因此，我们只要抓住“人”这个主要因素，就能远离风险，获得安全的状态。要知道，安全与人的意识、思维、习惯都有关联，遵守规则、细致谨慎、事前多思考都是我们确保安全的方式。

在核电厂，我们最注重的就是安全，我们每天都围绕着安全做很多很多的事情，只有在安全的前提下我们才会开展工作，把电力输送给千家万户。那么，你们想想身边有什么人是因为踏实遵守规则而获益的？”

小知识

国际原子能机构国际核安全咨询组在 1986 年切尔诺贝利事故的总结报告中首次提出了“核安全文化”一词，将事故重点指向人因。这份报告指出，无论怎样努力，都不可能实现绝对安全，生活中处处有危险。从较小的异常事件到严重事故，人的错误行动经常是导致事故发生的主要原因，但只要充分遵循安全原则，就能确保核电厂处于安全状态。

第二章
寻找维护安全的行动：遵守规则

读完来信之后，安安想到老师经常在学校里说，要做一个踏实、不要小聪明的好孩子。

全全也颇为认同，“我们班里有个王大个，大家都说他看着笨笨的，但是学习起来极其踏实，每次作业点评，老师都会表扬他！”

“是呀！”安安继续说道，“我曾和妈妈一起看过一个纪录片叫作《我在故宫修文物》，在那儿工作的叔叔阿姨们为修好一件文物，年复一年只做一件事情。他们一定是因为这种专心致志、踏实工作的态度，才让故宫文物重焕光彩。”

有了这样的探讨，安安、全全学校生活似乎更加充实。现在他们多了一项任务，就是留心身边事物，谁是最踏实的人，如何避免身边的小失误。

这天放学后，安安与全全刚与学校老师招手再见，只听旁边传达室的老爷爷大喊一声：“安安、全全，有你们的信哦！”姐弟俩不禁有些诧异，难道是阿尔法小镇的核电工程师？他知道我们学校？

确实，来自阿尔法小镇的核电工程师好像拥有魔法，只见信中写道：“我为你们自豪，你们能把刚刚学到的知识，运用在生活中，并加以联系，继续运用你们的双眼，好好观察周围生活，你们会有更多发现。

我们的生活总是与危险并向而行，而我们如何对待风险，才是最重要的。你们已经意识到，遵守规则对维护安全是多么的重要。接下来，我要给你们讲一个有意思的概念‘墨菲定律’。这个定律说：‘只要存在发生事故的原因，事故就一定会发生。不管发生的可能性有多么小，但总会发生，并造成最大可能的损失。’这个道理其实就像是中国的一句古话‘千里之堤，毁于蚁穴’。所以在安全领域，要小聪明、走捷径的人，是绕不过墨菲定律这道坎的。

容易犯错是人类与生俱来的弱点，不论科技多发达，事故都有可能发生。人的惯性思维总是让我们通过经验预测未

小知识

遵守规则对于核电安全极为重要，也是核安全文化重点倡导的内容。国家核安全局在 2015 年发布了《核安全文化政策声明》，解释了核安全文化的重要组成方面。其中指出，全员正确理解和认识各自的核安全责任，做出安全承诺，严格执行各项安全规定，形成人人都是安全的创造者和维护者的工作氛围。这里包含了核安全文化的三项基本要素，即遵守法律法规和规章制度、遵守程序以及责任意识。

第四章
寻找维护安全的行动：勇敢地提出问题

清晨太阳刚刚照亮大地，还未暖和起来，安安和全全就相约出门去学校了。

今天安安的第一节课是班主任白老师的语文课。白老师美丽大方，不论春夏秋冬总喜欢着一袭长裙，时而温柔、时而严厉地穿梭在同学们中间，于是大家私底下都悄悄地叫她“白玫瑰”。

于是姐弟俩背着书包，朝着家的方向飞奔而去。果然，来自阿尔法小镇核电工程师的来信已经乖乖躺在了信箱中。摸摸信封的温度，还有些余热，好像是刚刚才有人将信件放进去，可是环顾四下，又没有看到一个人影。

“这个工程师可太神秘了，我一定要看到他的真面目。”安安心里暗暗想着。

两个小家伙拿起各自的信件，以最快的速度打开，只见里面写道：“安安、全全你们好。你们找到答案了吗？我知道你们嗅到了正确的方向，那就是敢于提出问题是多么的重要。你们知道有一个词叫作‘羊群效应’吗？这世界上很多人没有独立思考的能力，别人做什么他就做什么，却从来没有问过为什么，只是盲目从众……”

“哈哈哈，哎你看看，我说什么来着，是不是我说的那个意思，原来这个叫作‘羊群效应’。”信还没看完，就被安安兴奋地打断了，好似中奖一样。

“‘羊群效应’是危险的，因为它蒙蔽了我们的双眼，让我们看不到危险的存在。你们还记得2011年日本发生福岛核事故的时候，一时间国内谣言四起，都说‘碘盐可以防辐射’，于是全国各地出现了抢盐高潮，超市被一抢而空，一时间‘一盐难求’。其实在信息发达的2011年，稍微有点独立思考能力的人，在网上搜索一下就能发现事实的真相。但是大家都选择了跟风盲从，很少有人质疑。”

“这个盲目从众，真不是好事，一会儿我要告诉妈妈。”安安看着信感叹起来。

“工程师还没说完呢，快看信！”全全提醒这会儿思维正无比活跃的安安姐姐认真看信。

“质疑的态度是科学精神的精髓，不论什么人，无论他有多大的学问，我们只有使用‘疑’才能使我们的智慧之树开出艳丽的花朵。现在信息网络发达，大家习惯性依靠众人的做法或者以前的行动，而不愿自己动脑思考可能存在的‘墨菲陷阱’。

在我们安全领域，质疑的态度就显得更加重要，像风险的哨兵，在风险刚刚出现的时候，他就吹响警笛，提示我们风险即将逼近，最大限度地帮助我们消除程序上的弱点、人

因失误的陷阱等，减少犯错的可能性，也就意味着安全离我们更近了。因此，我们要用质疑的态度，留心观察、善于思考、敢于提出问题，这样才能帮助我们克服从众心理，避免‘墨菲’这个坏小子时刻想跳出来影响我们。明白了吗，聪明的小家伙们！”

“原来如此！”两个小家伙异口同声感叹道。

冬日的夜晚，丰盛的餐桌前，两个小家伙正与爸爸妈妈饶有兴致地探讨着质疑的态度，思考原来也如此有趣……

安安和全全说：

质疑的态度让我们不被轻易蒙蔽，从现在开始就用质疑的态度观察我们周围，和爸爸妈妈们一起讨论，看看有什么发现！

小知识

质疑的态度能够帮助核电从业者及早发现与安全相关的问题，从而遏制风险苗头。《核安全文化政策声明》指出，要建立对安全问题的质疑、报告和经验反馈机制，倡导对安全问题严谨质疑的态度。

第五章
寻找维护安全的行动：坚持总有收获

今天是周末，天气格外晴朗，太阳公公从不吝啬在冬日给大地披上温暖的金衣。安安和全全一早就爬起来洗漱、穿衣、吃早饭。原来，他们的爸爸妈妈早就约好了，要周末一起去郊外远足。

一行人开车来到了一片开阔平坦之地，这里被打造成了一个大型的户外公园，不少人在这里运动健身，十分热闹。

只见不远处一群坐轮椅的青年，带着篮球在场地间飞驰穿梭。在他们身上，轮椅好像成为了他们身体的一部分，带球、调整方向，灵活顺畅，不由得让人觉得这轮椅比双腿还要灵活。

两个小朋友第一次看到轮椅篮球，不禁发出阵阵感叹声。安安爸爸见状笑道：“你看他们灵活自如地协调轮椅和篮球，一定是长时间苦练的结果。安安、全全，你们注意看他们的手，都有厚茧子，有些人还缠着绷带。”

“是啊，有机会你们试试，用手操作轮椅，别说打球，就是让轮椅动起来都是很辛苦的事情。没有日复一日枯燥的训练就不会有出色表现啊！”全全爸爸接着补充道。

“嗯，我们在校足球队，每次老师都要求我们充分练习同样的动作很多遍，老师总说只有这样我们才能踢好球。”全全更加理解了学校老师要求刻苦训练的目的。

“所以想要成为核电工程师，就只有进行很严苛的训练，掌握各种技能才能去保卫核电厂的安全。”安安若有所思地说道。

一天的郊游时光很快过去，安安和全全带着远足的新发现，心满意足地踏上了回家之路。刚到家准备下车，只见隔壁邻居家的大黄摇着尾巴跑了过来，嘴里还叼着东西。等临近一看，才发现是给安安和全全的两封信。

大家哈哈笑了起来，核电工程师太有意思了，这次竟动用大黄乖乖来送信，这也愈发增加了安安和全全对这个核电工程师真面目的强烈好奇心。

不过就此刻来说，没有什么比赶紧读信更加重要的了，安安和全全迅速打开带着两排牙印的信封。

“安安和全全，我们又见面啦，这回我派遣小使者来给

你们送信，你们看到他了吗？今天你们对新的维护安全的行动是不是已经有所发现。没错，那就是坚持的力量！坚持往往能给我们带来巨大改变。

你们有听过‘1万小时定律’这个概念吗？研究人员发现，钢琴专业的学生从5岁左右开始学琴，到20岁时，那些具有成为世界级独奏家潜质的学生都至少练习了1万小时，而那些被认为将来只能成为一名音乐辅导老师的学生只练习了4千小时。也就是说，如果一个人的技能要达到世界水准，他（她）的练习时间通常需要超过1万小时。1万小时的锤炼是任何人从平凡走向专业优秀的必要条件。这与我们中国谚语‘十年磨一剑’‘台上一分钟，台下十年功’是一样的道理。

哎，不过千万不要以为1万小时只是简单的重复就够了。就像你们在学校做练习一样，如果每次的错题都没有总结思考和复习，那即便做上百份卷子，也不会得到有效提高。因此，1万小时是需要我们有策略地进行训练，跳出‘舒适区’，敢于在‘挑战区’进行有计划性、策略性的训练，这意味着我们不仅要高度专注，还要不断总结和认真思考，及时记录问题、发现问题、改进方法，这样积累起来的1万小时才会让我们有很大不同。

第六章
“能量小子”遇见“文化人”

1 万小时刻意练习的理论，让安安和全全颇受启发，他们愈发理解老师为什么总是让大家整理错题集，每次做完练习，都要对试卷进行细致讲解，这其实就是在进行刻意练习呀！

这天一早，安安正要推门出去上学，忽听门口信箱“咔哒”一声关合的声音，这个时间邮递员不会过来送信，那么谁会动信箱呢，一定是阿尔法小镇的核电工程师！思考间，安安一个箭步冲了出去，四下无人，安安立即转向房屋后面，远远地看见一个人影一晃，消失在了茫茫晨雾之中，这个人是核电工程师吗，还是帮他送信的人呢……

“安安姐姐你在房后干什么呢？”安安的沉思，被全全的呼喊声打断。

“我出来追核电工程师。刚才我正要出门，听见信箱响了，追出来时，只看见了一个人影。”安安回答道。

“哦，核电工程师来送信啦？你看见大概样子了么？多高多矮、胖的瘦的、男的还是女的？”关于核电工程师的真面目，全全也充满了好奇。

“距离太远，看不清，感觉像是一个身材高大的男生……算了，咱们还是先去看看信箱，到底有没有信，就能确定是不是核电工程师来了呀！”

于是，两个小家伙转身返回屋前的信箱，打开一看，果然一封盖着红色邮戳的信封静静地躺在那里，看来那个背影一定就是核电工程师了，或者至少与核电工程师有着密切的关联。

打开信封，熟悉的问候映入眼帘：

“安安和全全你们好！看来现在你们两个小家伙不仅对我们讨论的话题产生了浓郁兴趣，对我也产生了强烈的好奇心。不过现在还不是见面的时候，咱们的探索之旅还没有完成，有一天我们一定会见面的！

言归正传，上次提到要给你们讲讲文化，你们一定很奇怪，明明在讨论安全，怎么又讲到文化了呢？别着急，听我慢慢道来。

咱们这里讲的文化，跟平常我们经常提到的文化艺术不太一样，笼统来说，它是与安全有关的思想和行为的文化，我们称之为“核安全文化”。这个核安全文化可是很了不起的，咱们之前讲的有关安全的态度以及维护安全的行为都属于核安全文化。核安全文化的作用，就是最大限度地减少人因失误，避免‘墨菲’出来搞鬼，有效保卫核电厂安全，它包含了规章制度、工作流程等实体，也涵盖人的意识、态度、行为等。

说到这儿，为什么我们总是要在核电厂强调安全，这一切还要从我们的能量来源说起。

原子核裂变是核能的能量来源。原子核十分微小，但它的能量却十分惊人。1 千克铀原子裂变释放出的能量，相当于 2500 吨煤炭完全燃烧释放的能量！因此，人类经过不断研究探索，建造出核电厂将核能转化为电能，为人类生产生活提供重要帮助。

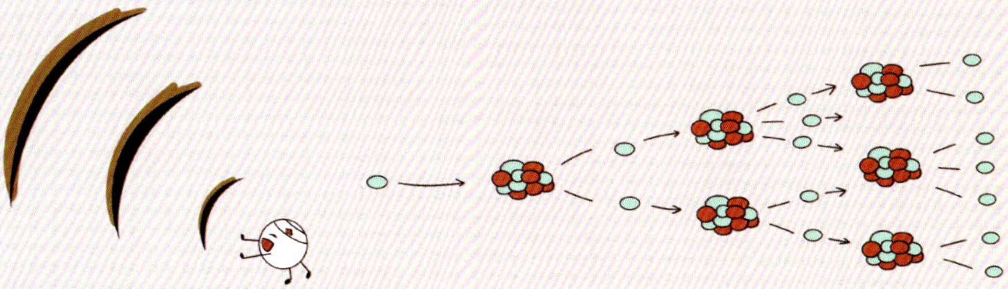

不过能量小子——原子核，产生能量的过程必须在安全受控的前提下进行，这样才能保证大量能量不会对人类产生伤害，因此我们总是说，核电厂最重要的就是安全。

为了保障安全，核电厂建设了很多实体屏障来确保能量小子的放射性不会释放出来影响人类。但是墨菲定律告诉我们，有人的地方就有可能存在失误，那如何有效规避人的失误呢？因此核安全文化就应运而生啦。

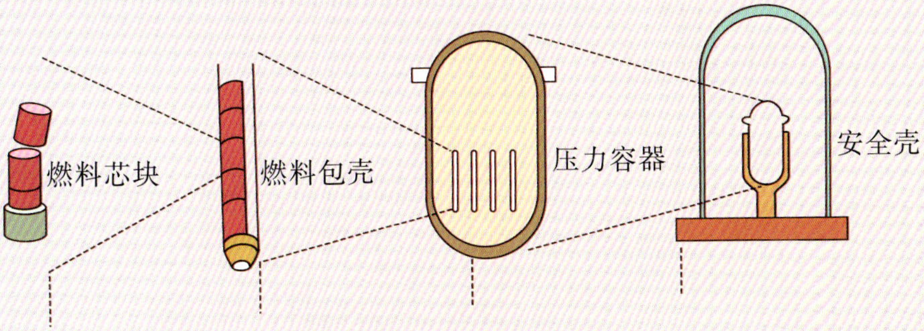

核电厂实体安全屏障

核安全文化的核心，就是围绕‘安全’二字，它让我们的所思所想，所见所行都有‘安全’二字，并且凝聚了生活中许多宝贵理念和经验，来帮助我们核电厂员工提高守卫核安全的能力。可见它是多么的重要呀！

好啦，今天的内容可是满满当当，你们两个聪明的小家伙要努力吸收呀！不过别担心，不明白的时候可以问问爸爸妈妈，还可以上网寻找答案。其实关于核安全文化的起源，还有一段故事，你们试着去网上搜搜看看！”

安安和全全一口气读完信件，只觉得内容丰盛，信息满满，可是需要好好花时间理解理解。

“哎呀，咱俩只顾看信，快要迟到啦！”安安大叫一声。

于是，两个小家伙赶紧抓起书包，带着满满的知识，向学校飞奔而去……

安安和全全说：

核电工程师说我们可以利用互联网看到更多知识，小朋友你们也去网上搜搜核安全文化，看看有什么发现吧！

小知识

核安全文化概念由国际原子能机构于1986年提出，随后被世界各国核电厂广泛应用，用于规避核电厂操作过程中可能出现的人因失误。《核安全文化政策声明》将核安全文化定义为：各有关组织和个人以“安全第一”为根本方针，以维护公众健康和环境安全为最终目标，达成共识并付诸实践的价值观、行为准则和特性的总和。

今天讲了这么多，也许还有很多你们尚不能理解的地方。不过你们只要记住，用心做好一件事情，关键在于细节、态度与坚持，只要我们认真去做，就一定会达成自己的目标！”

安全

安全值得我们倾尽一生去努力

安安和全全说：

核电工程师用自己的行动把安全落在了每一个细节上，想想如果你定下一个目标，要如何在具体行动上落实呢？

小知识

核安全文化包含了八个重要方面，它们分别是：

（1）决策层的安全观和承诺；

（2）管理层的态度和表率；

（3）全员的参与和责任意识；

（4）培育学习型组织；

（5）构建全面有效的管理体系；

（6）营造适宜的工作环境；

（7）建立对安全问题的质疑、报告和经验反馈机制；

（8）创建和谐的公共关系。

第八章
“文化人”剿灭“墨菲”行动

核电工程师的来信，既讲述了核电厂的安全文化，又蕴含了很多道理，安安和全全在逐渐学习中，也从一开始寻找如何在生活中确保安全，到慢慢尝试将核安全文化的理念融入自己的生活之中，两个小家伙在学习中，也感受到了超越学习本身的满足感和成就感。

自从开始收到核电工程师的来信，打开信箱就成了安安和全全最为熟悉的动作，只要回家，就总会习惯性地打开信箱，看看有没有新的来信。这天放学回家，安安和全全像之前一样首先来到信箱前，查看信件，果然信封已经在信箱中就位了。

安安和全全，你们好！

咱们的来信联络越来越紧密，我也越来越喜欢以这种方式和你们讲述故事，看着你们的成长，我真得非常开心！我们在前面学习了那么多知识，今天就以发生在核电厂的两个真实的故事作为我们书信往来的结尾吧……

“什么结尾？”安安和全全惊奇地异口同声大叫起来，赶紧顺着信件内容，寻找答案。

“我知道你们一定很惊讶，不过别着急，先听我讲完今天的故事。

第一个故事是关于一块小小的油漆片，一块价值百万美元的油漆片。

1999 年，某核电厂 2 号机组换料大修正在紧张进行中。就在工作人员对反应堆水池内清洁度检查即将结束时，发生了突发情况——一名检查人员通过望远镜，隐隐约约地看到约 10 米深的水池底部有一个小小的片状物。由于体积太小，而且随着冷却水流在移动，无法看清楚是什么物体。

装料操作项目负责人马上要求中止工作，将情况报告大修指挥部，并根据其指示开始着手打捞，但是近30分钟都无法将它捕捞上来。了解到此情况，大修指挥部马上召集紧急会议，制定打捞方案。部分大修指挥部成员和部门领导甚至亲临现场指挥打捞，项目组尝试了多种方案，仍然不能成功。时间一分一秒地流逝，大修工作陷于停顿状态。要知道，这时候每多花费一分钟，就要损失近万元。

为了如此细小、显然非金属类硬物的一块异物影响整个大修进程是否值得？有些参加大修的人员开始质疑起来。见此情况，电厂管理层通过大修指挥部声明：绝不允许任何已经发现的异物继续留在堆芯和回路里，即使它是一块小碎纸片。

大修指挥部组织相关部门全力以赴，集思广益，继续进行打捞。最终将该片状物打捞出来，结果发现是一块约2平方厘米的干油漆片，是附近一处墙壁上的油漆因年久风化脱落进入水池。大修关键路径因此推迟15小时，也就是说，核电厂2号机组少发出15个小时的电量，直接经济损失近百万美元。

‘除非你能证明它是安全的，否则它就是不安全的。’对于核电工作者而言，任何安全隐患都不能忽视，安全隐患没有空间，这才是‘核安全高于一切’的真正体现。良好的核安全文化正是体现于核电人在遇到安全质量问题时的抉择行动。

任何安全隐患
都不能忽视

你们看，虽然我们说起来很简单，核安全文化就是要将安全时时刻刻放在第一位，但是面对经济压力、时间压力和舆论压力，能够真正做到核安全文化的要求，就是很不容易的啦。

咱们的第二个故事跟人有关，他的名字叫作‘袁大妈’。

在核电厂中，有这样一位‘袁大妈’，他个子不高，却肩负着安全管理的重任；他弱不禁风，却做事雷厉风行。

他常被大家戏称为‘袁大妈’，因为他每天的日常工作之一就是带着一个写有‘安全员’的红袖标巡视电厂的各个角落，当发现任何安全隐患时，立马叫停，然后会苦口婆心地向相关人员陈述隐患的潜在危险，并监督整改。同时被‘袁大妈’的火眼金睛盯上的还有工机具（含脚手架），他常说‘安全第一，预防为主，预防的关键之一就是把好工机具质量关’，只有被其‘扫描’合格的工机具，在打上‘合格’标签后，才能出现在作业现场。

对于难啃的硬骨头，‘袁大妈’也会想尽办法推动落实，通过安全约谈机制，不厌其烦地向安全不达标的承包商项目负责人宣贯安全管理理念，直到项目负责人完全被‘洗脑’，心悦诚服地落实各项安全管理要求为止。在‘袁大妈’‘喋喋不休’的‘安全咒’的感召下，承包商管理人员最终理解了核电人不仅要将‘安全第一，质量第一’挂在嘴边，还要记在心里，落实在行动中，即‘内化于心、外化于行’的安全文化内涵。

‘袁大妈’就是这样，每天擦亮双眼发现和解决现场安全问题，他常说，人人都是安全员，对风险必须有预判预知的能力，任何一点小疏忽都可能造成大事故。‘袁大妈’的经验告诉我们：常念‘安全咒’是保障安全的硬道理。

做好每一件事，就是要把这件事一点一滴落在行动之中，

关于落实安全，我们每天会遇到很多干扰项，思想上些许松懈，就会让我们的行动产生偏差，正是因为核电厂里有许许多多和‘袁大妈’一样的安全工作者，才保证了核电厂的安全有效运行。

今天我们的故事讲完了！落实核安全文化的行动是不是看似简单，却又十分不易！我们今天只讲了两个小故事，让你们感受核电工作者们每日是如何与安全相处的，其实核电厂里还有很多很多这样的故事，安安和全全你们想不想去看看真正的核电厂，看看那里的人们是如何工作的？明天我们学校见！”

“什么？核电工程师要现身啦！”安安和全全异口同声地说道，“为什么是明天，为什么是在咱们学校呢，难道老师们也都知道啦？”

这一夜，安安和全全兴奋得难以入眠。这么久以来一直与他们书信的核电工程师，终于要走出信件，与他们见面。他们想象着看见核电工程师的样子，想象着与核电工程师热烈讨论的情景……

第九章
美丽但不神秘的阿尔法小镇

今天是贝塔镇小学的首届科技开放日活动，一大早学校内彩旗飘飘，热闹非凡，各类科技产品摆满操场，视频动画、科技互动体验，还有会说话会跳舞的机器人，让同学们看得兴致盎然。其中最引人瞩目的要数核电展台了。我国自主设计研发的三代核电“华龙一号”反应堆模型被搬上展台，不仅如此，核电厂模型旁边还有一个可爱的机器人——“核仔”正在向同学们介绍核电厂工作原理、真实的模型以及有趣的核电故事，这让展台前挤满了好奇的同学们。

安安和全全也早早来到学校，他们睁大了眼睛四处搜寻核电工程师可能存在的踪迹。

“安安姐姐快看，那儿有核电展台，咱们学习了半天核安全文化，核电工程师说不定就在那儿等着咱们呢！”全全

兴奋地高喊道。于是两个小朋友背起书包直奔核电展台而来。

来到展台，安安和全全只见核电厂模型和一个核仔机器人在现场走来走去。他们既新奇，又失望，新奇的是第一次见到了核电厂反应堆的模型，而失望的是核电工程师好像并不在这里。正在姐弟俩失望之际，旁边正与同学们讲解核电厂原理的“核仔”一摇一摆地走了过来，“安安和全全，你们来啦！怎么样？第一次看到核电厂是不是觉得很有趣？”

“咦，他竟然知道我们的名字？”安安与全全满脸疑惑地相视而望，忽然他们睁大了双眼，除非……

“对，我就是给你们写信的核电工程师。”话音刚落，“核仔”摘下了面具，露出清秀的面庞，他戴着一副黑框眼镜，精致的脸庞，黑黑的眼睛温柔且有神，正微笑地看着安安和全全。

安安和全全异口同声地叫了起来：“核电工程师！”猜测了这么久的核电工程师竟这样出现在了他们的面前！

原来核电工程师是学校里新聘请过来的科技老师，为了让同学们能够有兴趣了解核电，老师们一起策划设计了这场神秘来信之旅，让同学们不知不觉参与其中，燃起科学探索兴趣，当然爸爸妈妈也成了这个活动的“托儿”。所以，核电工程师能够熟悉安安与全全的一切动向。

新学期学校里开设了《探秘核电厂》科普课程，讲述核电厂里面发生的有趣事情。这可让安安和全全来了自信，与核电工程师学习了许久的核安全文化这下可派上用场了，两个小家伙顺理成章地成了核电工程师的小助理，给同学们讲述有关安全的真实故事。同时，安安和全全还被学校评选为科普小使者，与其他同学们一起前往真正的核电厂学习参观。

六一儿童节，阿尔法小镇迎来了第一批“小小科学家”。他们肩背小相机，手拿笔和本，别看人小，可是求真探索的

专注劲儿一点也不少，他们认真记录的样子还真是专业极了。当然，安安和全全也在其列。他们既兴奋又自豪地走向核电厂，等待着发现核电厂的真实样子，等待着与核电工程师们探讨他们学习到的安全守卫行动，或许也等待着自己未来成为了不起的核电厂工程师的样子……

原来阿尔法小镇并不神秘，而且阿尔法小镇也很美丽。它靠近大海，发送能量的同时也保护着环境。因为只有美丽的环境、清洁的电力才是所有核电工程师持续工作的动力源泉。

同学们，就让我们和安安、全全一起来看看这美丽的核电厂吧！